BEI GRIN MACHT SICH IHR WISSEN BEZAHLT

- Wir veröffentlichen Ihre Hausarbeit,
  Bachelor- und Masterarbeit

- Ihr eigenes eBook und Buch -
  weltweit in allen wichtigen Shops

- Verdienen Sie an jedem Verkauf

Jetzt bei www.GRIN.com hochladen und kostenlos publizieren

Bibliografische Information der Deutschen Nationalbibliothek:

Die Deutsche Bibliothek verzeichnet diese Publikation in der Deutschen National-
bibliografie; detaillierte bibliografische Daten sind im Internet über http://dnb.d-
nb.de/ abrufbar.

Impressum:

Copyright © 2015 GRIN Verlag
Druck und Bindung: Books on Demand GmbH, Norderstedt Germany
ISBN: 9783668893825

Dieses Buch bei GRIN:

https://www.grin.com/document/457518

Anonym

Gruppenarbeit und forschendes Lernen in der Chemie-didaktik

GRIN Verlag

GRIN - Your knowledge has value

Der GRIN Verlag publiziert seit 1998 wissenschaftliche Arbeiten von Studenten, Hochschullehrern und anderen Akademikern als eBook und gedrucktes Buch. Die Verlagswebsite www.grin.com ist die ideale Plattform zur Veröffentlichung von Hausarbeiten, Abschlussarbeiten, wissenschaftlichen Aufsätzen, Dissertationen und Fachbüchern.

Besuchen Sie uns im Internet:

http://www.grin.com/

http://www.facebook.com/grincom

http://www.twitter.com/grin_com

Gruppenarbeiten beim forschenden Lernen

Schriftliche Hausarbeit
Seminar: Aktuelle Forschung in der Chemiedidaktik

Inhaltsverzeichnis

1. Einleitung 1

2. Forschendes Lernen 2

   2.1 Theoretische Grundlage 2

   2.2 Ablauf der Stationsarbeit 3

      2.2.1 Gestufte Hilfen 3

      2.2.2 Weiterführende Fragen 4

   2.3 Der Kerzenersuch 5

3. Auswertung der Station 7

   3.1 Beobachtung der Gruppen 7

   3.2 Schlussfolgerungen 9

   3.3 Didaktisch-methodischer Hinweis 10

4. Fazit und Ausblick 11

5. Anhang I

   5.1 Protokoll zum Kerzenversuch I

   5.2 Problemstellung, Hilfestellungen und weiterführende Fragen an der Station IV

6. Literaturverzeichnis V

1

1. Einleitung

Die vorliegende Ausarbeitung wird sich im Rahmen des Seminars „Fachdidaktik Chemie" mit dem Aspekt des forschenden Lernens beschäftigen.

Sowohl von Lehrern als auch von Schülern wird bei offenen Aufgaben und forschendem Lernen eine neue Einstellung zum Lernen gefordert. Von den Schülern wird erwartet, dass sie eigene Fragen stellen, Entscheidungen treffen, Versuche planen, diskutieren, zusammenarbeiten, kommunizieren und nachvollziehbare Ergebnisse präsentieren. Dadurch haben Lehrer/innen nicht mehr die Aufgabe nur Wissen zu vermitteln, sondern die Schülerinnen und Schüler zu motivieren und als Lernberater zu unterstützen. Eine weitere Herausforderung für Lehrer/innen ist das Auffinden geeigneter offener Aufgabenstellungen zum Erforschen des naturwissenschaftlichen Sachverhaltes. Die Aufgabenstellung bzw. das Phänomen sollte thematisch passend sein und die Schüler fachlich nicht überfordern. Auch die Materialien müssen in entsprechender Anzahl an der Schule vorhanden sein. Dabei sollte der Lehrkraft immer bewusst sein, dass sich eine offene Herangehensweise nicht für jedes Phänomen eignet und mehr Zeit bei der Vorbereiten in Anspruch nimmt.

Im forschenden Lernen stehen nicht nur die Fakten und Regeln im Vordergrund, sondern auch die Kompetenzen, die von den Lernenden im späteren Berufsleben gefordert werden. Dazu gehört sowohl das Fachwissen zum Lösen komplexer Probleme, als auch selbstständige Lösungsstrategien zu entwickeln und die Lösungen zu präsentieren. Einen großen Stellenwert haben auch Gruppenarbeiten beim forschenden Lernen. Durch Gruppenarbeiten lernen die SuS im Team gemeinsam Lösungsstrategien zu entwickeln, neue Erkenntnisse zu erlangen und zu diskutieren. Gruppenarbeiten sind seither ein wichtiger Bestandteil im Unterricht und können die Schüleraktivität im Unterricht steigern.

Daher wird im Rahmen eines Experiments mit Studierenden die Gruppenarbeit beim forschenden Lernen beobachtet und dokumentiert. Hierbei stellt sich die Frage, inwieweit die Mitglieder der Gruppen sich für die Problemstellung der Station interessieren und ob oder wie sie zusammenarbeiten. Aus den Beobachtungen der Gruppen werden diese Fragen beantwortet und auch Verbesserungsvorschläge bzw. andere Möglichkeiten zur Umsetzung gegeben. Anschließend erfolgt ein didaktisch-methodischer Hinweis für die Umsetzung in der Schule.

Zum Abschluss der Ausarbeitung erfolgt ein Fazit mit einer persönlichen Meinung und ein kleiner Ausblick für das zukünftige Unterrichten.

2. Forschendes Lernen

2.1 Theoretische Grundlage

Das forschende Lernen auch unter dem Namen inquiry-based learning bekannt, ist ein Lernkonzept bei dem Lernende sich aktiv und kreativ mit naturwissenschaftlichen Fragestellungen auseinandersetzen. Dabei erarbeiten sie selbständig das Wissen und erwerben dadurch wichtige Kompetenzen. Forschendes lernen ereignet sich besonders gut in heterogenen Gruppen, da hierbei die unterschiedlichen Leistungsniveaus individuell gefördert werden können. In kleinen Gruppen lernen die SuS zu diskutieren, im Team zu arbeiten und andere Lösungswege auszuprobieren.

Beim offenen Unterrichten gibt es nicht nur eine einzig richtige Lösung und den einen richtigen Lösungsweg. Dies ermöglicht SuS je nach ihrer Leistung unterschiedliche Begründungswege zu finden (vgl. Bronner 2013, S. 2). Damit der Leistungsunterschied in den Gruppen nicht allzu groß wird, sollten die Lösungen im Unterricht in Form von einer gemeinsamen Diskussion oder Präsentation vorgestellt werden. Beispielsweise erhalten leistungsschwache SuS Ideen für andere (anspruchsvolle) Zugänge und leistungsstarke können durch ihr Wissen Fehler aufdecken oder den leistungsschwächeren helfen. Jedoch kann eine Öffnung des Unterrichts und forschendes Lernen nicht sprunghaft erfolgen, da es sonst zu einer Überforderung der Lernenden führen kann (vgl. ebd.). Wenn aber die Öffnung des Unterrichts hin zum forschenden Lernen erfolgt, wird es zum selbstgesteuerten Lernen und kompetenzorientiertem Wissenserwerb der Lerngruppe führen. Gleichzeitig wecken offene Aufgaben auch oft das Interesse der Lernenden für die Naturwissenschaften (vgl. MINT-Zirkel, 2013).

Forschendes Lernen kann in allen Klassenstufen eingesetzt werden, denn umso früher die Kinder forschen, desto schneller und weiter entwickeln sie ihre Kompetenzen in diesem Bereich. Im nächsten Abschnitt wird forschendes Lernen am Beispiel eines Experiments vorgestellt.

2.2 Ablauf der Stationsarbeit

In einer 90minütigen Seminarsitzung werden drei verschiedene Stationen, die auf das forschende Lernen basieren aufgebaut. Jede Station hat eigenen Materialien und unterschiedliche Problemstellungen, die von Bachelorstudenten/innen mit den vorliegenden Materialien gelöst werden sollen. Die Stationsbetreuer (Master-Studierende) haben die Aufgabe zu beobachten, wie die Gruppen bei der Lösungsfindung vorangehen. Sie haben nicht die Aufgabe, den Gruppen eine Lösung vorzugeben. Falls die Studierenden mit der Problemstellung nicht weiterkommen, gibt es gestufte Hilfekarten (s. Kapitel 2.2.1). Eine Gruppe besteht aus drei bis vier Personen, die jeweils 15 Minuten Zeit für eine Station haben. Nach 15 Minuten müssen die Gruppen im Uhrzeigersinn zur nächsten Station rotieren. Die Problemstellung für die Station der Hausarbeit lautet:

Wie bekommt man Wasser von einem Gefäß in ein anderes, ohne es reinzufüllen?

Im Anhang Seite I ist der Versuch detailliert protokolliert. Wichtig ist, dass am Ende der Station jede Gruppe einen Lösungsansatz für die Problemstellung hat und auch die Lösung erklären kann. Wenn alle Gruppen jede Station durchgeführt haben, werden die Lösungen und Erklärungen von den Gruppen vorgestellt und gemeinsam im Plenum diskutiert. Es gibt eine Vorstellung über einen richtigen Lösungsweg, jedoch sollten andere Lösungswege nicht abgestritten, sondern auch diskutiert werden.

Im Unterricht jedoch sollten die SuS genügend Zeit zur Verfügung haben. Daher wäre es sinnvoll im Schulunterricht nur eine Problemstellung zu Bearbeitung und je nachdem wie aufwendig die Experimente bzw. die Problemstellung ist die Zeit einzuberechnen.

2.2.1 Gestufte Hilfen

Hilfestellungen im Unterricht können in jeglicher Art und Weise erfolgen. Die Lehrperson persönlich kann Hilfestellung geben, diese auf Karten schreiben und in der heutigen Zeit auch digitale Medien nutzen. Gestufte Hilfen sind nicht nur bei forschendem oder entdeckendem Unterricht von Vorteil. Sie können fast überall im Unterricht eingesetzt werden und verfolgen das Ziel, Lernende kognitiv anzuregen und ihnen bei der Lösungsfindung zu helfen (vgl. Frank-Braun 2008, S. 27). Die gestuften Hilfen geben keinen direkten Lösungsvorschlag, sondern regen die Lernenden zu Handlungen oder Überlegungen auf, um die Aufgabe zu bewältigen. Jeder SuS hat dadurch die Möglichkeit selbst zu entscheiden, inwieweit und wann er die Hilfen nutzt.

Dies führt zu einer erhöhten Selbstständigkeit der Lernenden. Die Hilfestellungen können auf unterschiedlicher Weise erfolgen.

Beispielsweise können sie das Vorwissen aktivieren, indem auf eine vorherige Stunde verwiesen wird oder auch visuell erfolgen, sodass sie etwas skizzieren sollen (mehr dazu: ebd. S. 28). Es kann auch zwischen inhaltlichen Hilfen und lernstrategischen Hilfen unterschieden werden. Außerdem können vorgefertigte Hilfestellungen die Lehrkraft im Unterricht etwas entlasten.

Die gestuften Hilfen 1 - 3 im Anhang Seite IV sind inhaltliche Hilfen und knüpfen an das Vorwissen der Lernenden an und sollen dazu anregen Problemstellung auch anders zu betrachten. Es kann sich auch hilfreich erweisen, wenn die Hilfestellungen miteinander verknüpft werden. Beispielsweise kann mit der Hilfestellung Nummer zwei die Hilfestellung Nummer drei erklärt werden, sodass dadurch eine Lösung für die Problemstellung gefunden werden kann.

Wichtig ist beim forschenden Lernen eine Musterlösung vorzubereiten. Bei dem Kerzenversuch (s. Anhang S. I) ist die vierte Hilfestellung ein Lösungsvorschlag für das Problem. So können auch Lernende ihre gefundene Lösung mit der Musterlösung abgleichen. Eine Hilfestellung anhand einer Musterlösung muss aber auch kritisch betrachtet werden. Es gibt auch SuS, die sich keine Mühe oder Gedanken um die Problemstellung machen, da sie über eine Musterlösung wissen bzw. diese sofort einsehen können. Eine Möglichkeit dies zu unterbinden wäre z. B. die letzte Hilfestellung (Musterlösung) erst nach einer bestimmten Bearbeitungszeit zur Verfügung zu stellen.

Eine der Bearbeitung von Aufgaben mit gestuften Hilfestellung in Gruppen ist daher sinnvoll, weil kooperatives Arbeiten der Lernenden die sachbezogene Kommunikation fördern kann. Ein gemeinsamer Lösungsaustausch kann für viele SuS eine zusätzliche Hilfe sein, sodass die Lösungsfindung erhöht wird. Außerdem können sich die Lernenden bei Verständnisproblemen gegenseitig unterstützen und Lösungen erklären.

2.2.2 Weiterführende Fragen

Die weiterführenden Fragen sollen möglichst nach den Hilfestellungen oder nach der Lösungsfindung bearbeitet werden. Sie dienen in erster Linie dazu, um sich mit dem Thema bzw. dem bearbeiteten Problem weiter auseinander zusetzen. Außerdem sind weiterführende Fragen auch für leistungsstarke und schnelle Schülerinnen und Schüler vorteilhaft. Diese SuS bekommen dadurch die Möglichkeit tiefer in die Materie zu gehen und komplexe Phänomene zu erklären. Natürlich sollten auch die

4

weiterführenden Fragen am Ende von allen bearbeitet oder zumindest im Plenum besprochen werden. Eine andere Möglichkeit wäre, dass leistungsstarke SuS den leistungsschwächeren bei den weiterführenden Fragen helfen.

Dafür können die Gruppen auch von der Lehrperson so konstruiert werden, dass leistungsschwache mit leistungsstarken SuS gemischt in eine Gruppe kommen.

Beim Kerzenversuch wird zum Beispiel mit den Hilfskarten versucht das Problem zu lösen, aber es wird nicht näher auf das Phänomen eingegangen. Erst mithilfe der weiterführenden Fragen beschäftigen sich die Lernenden mit den Vorgängen. Die erste Frage ist offen gestellt, denn die SuS sollen Hypothesen über das Phänomen aufstellen. Bei der zweiten und dritten Frage werden präzisere Antworten erwartet, hier sollten die SuS auf ihr Vorwissen zurückgreifen können. Die letzten beiden weiterführenden Fragen sollen zum weiteren Experimentieren anregen. Dadurch bekommen die Lernenden auch neue Erkenntnisse darüber, wie das Phänomen funktioniert und können eventuell auch die erste Fragestellung neu bearbeiten.

Die weiterführenden Fragen müssen nicht unbedingt von der Lehrperson formuliert werden, denn es ergeben sich auch bei den Gruppen während ihrer Forschungen einige Fragen. Die Fragen könnten z. B. von der Lehrperson aufgegriffen und an der Tafel festgehalten werden. Entweder sollten die weiterführenden Fragen am Ende des Unterrichts gemeinsam diskutiert oder als eine Musterlösung vorgegeben werden.

2.3 Der Kerzenersuch

Anhand des Kerzenversuchs (s. Anhang S. I)wird in der Ausarbeitung gezeigt, wie forschendes Lernen im naturwissenschaftlichen Unterricht eingesetzt werden kann

Mit Kerzen haben die meisten SuS schon im Kindergarten, spätestens in der Grundschule gearbeitet. Experimente mit Kerzen begleiten die SuS auch weiter in die Sekundarstufe. Der Kerzenversuch ereignet sich für SuS im Alter zwischen 10 – 14 oder auch für 15 – 18 Jahre (PRIMAS Project 2013, S. 28). Ein Zeitbedarf von zwei Unterrichtsstunden ist bei diesem Experiment zu empfehlen. So können die Lernenden viel erforschen, ausprobieren und haben trotzdem noch Zeit für die weiterführenden Fragen und eine anschließende Diskussion im Unterricht.

Da die Problemstellung sehr einfach gestaltet ist und der Probeversuch von Bachelorstudierenden durchgeführt werden soll, wird keine allzu lange Bearbeitungszeit (15 min.) für eine Lösungsfindung einberechnet. Die Station für den Versuch besteht aus vielen unterschiedlichen großen Gefäßen (Kristallisierschale,

Erlenmeyerkolben, Bechergläser usw.), mehreren Kerzen mit einem Feuerzeug und Wasser (s. Abb. 2 Anhang S. I). Irreführende Materialien wurden weggelassen.

In der Grundschule schon lernen die Kinder, dass die Kerze zum Brennen Sauerstoff benötigt. Daher kann es sein, dass eine schnelle Erklärung für das Phänomen lautet: Die Kerze verbraucht den Sauerstoff im Gefäß, dadurch nimmt der Luftdruck ab und das Wasser steigt.

Die weiterführende Frage Nummer fünf (Anhang S. IV) sollte daher einen Konflikt beim Verständnis der SuS auslösen, sodass sie auch über andere Ursachen des Wasseranstiegs nachdenken. Der Versuch demonstriert nicht nur, sondern dass die Kerze Sauerstoff zum Brennen benötigt, sondern dass auch andere Effekte für den Wasseranstieg sorgen. Ein weiterer Effekt ist nämlich, die Volumenänderung von Gasen bei unterschiedlichen Temperaturen und ein anderer ist die Wirkung des geringen Luftdrucks in einem geschlossenen Raum. Außerdem kann beim chemischen Effekt auch die Reaktionsgleichung betrachtet werden (s. Protokoll im Anhang S. II f.).

Ein Vorteil bei diesem Versuch ist, dass keine speziellen Gerätschaften benötigt werden. Der Versuch funktioniert auch mit Haushaltsgeräten, was für Grundschulen ziemlich von Vorteil sein kann, da Grundschulen in der Regel keine Fachräume und somit meistens auch keine Laborgerätschaften haben. Außerdem können die Lernenden den Versuch somit auch zu Hause ausprobieren und beispielsweise ihren Eltern demonstrieren. Dies würde für einen weiteren Alltagsbezug und für eine tiefere Verfestigung im Gedächtnis sorgen.

3. Auswertung der Station

3.1 Beobachtung der Gruppen

A Gruppe

Die Gruppe besteht aus drei Studierenden, die sich zuerst die Problemstellung durchgelesen haben. Sie beginnen nicht sofort zu experimentieren, sondern diskutieren über die Problemstellung. Sie geben mir die Rückmeldung, dass die Problemstellung anders formuliert werden sollte, weil sie das Wort „reinfüllen" störte. Erst danach schauten sie sich die Gerätschaften an und führten den Kerzenversuch ohne einen Fehlschlag durch. Danach probierten sie es mit unterschiedlich großen Bechergläsern und Erlenmeyerkolben aus, wodurch der Effekt deutlicher wurde. Die Hilfestellungen hat sich die Gruppe in der Zeit nicht angeschaut. Als sie alle möglichen Konstellationen ausprobiert haben, wurden sie von mir auf die weiterführenden Fragen hingewiesen. Wobei alle drei Mitglieder der Gruppe interessiert wirkten und mit unterschiedlichen Bechergläsern experimentiert haben.

Die erste Erklärung der Gruppe war, dass durch den Sauerstoffverbrauch der Luftdruck im Becherglas abnimmt und deswegen das Wasser reingezogen wird. Erst mit den weiterführenden Fragen gingen die Studierenden darauf ein, dass sich zusätzlich Kohlenstoffdioxid im Wasser lösen kann. Alle kannten auch den Nachweisversuch für Kohlenstoffdioxid, wollten es aber nicht durchführen. Auf den thermischen Effekt kamen die Studierenden erst nach dem sie die letzte weiterführende Frage gelesen haben. In der Gruppe haben sie angefangen zu diskutieren, welche Ursache größere Auswirkungen auf den Wasserzug hat. Für weitere Versuche blieb jedoch keine Zeit mehr. Alle drei Gruppenmitglieder haben fast immer miteinander kommuniziert und gemeinsam über die weiterführenden Fragen diskutiert haben. Ein Student hat sogar einer Studentin versucht den thermischen Effekt zu erklären. Jedoch konnten sie nicht genau auf die chemische Reaktion eingehen.

B Gruppe

Diese Gruppe ging anders voran als die Gruppe A. Die Person A fängt sofort an zu experimentieren. Er füllt ein großes Becherglas mit Wasser und setzt ein kleineres Becherglas rein, sodass das Wasser in das kleinere Becherglas reinfließt. Sofort kam auch schon die Nachfrage, ob sie die Aufgabe gelöst haben. Eigentlich hatten sie die Problemstellung damit gelöst, jedoch wurden sie darauf aufmerksam gemacht, dass es noch eine andere Lösung gibt. Eine Studentin (Person B) meinte daraufhin, dass sie bestimmt etwas mit der Kerze machen müssen.

„Aber dadurch geht doch die Kerze aus?", fragte die Person C in der Gruppe. Person B legte die Kerze trotzdem in die Kristallisierschale mit Wasser und stülpte ein Becherglas drüber. Das Wasser zog ganz wenig nach oben. Da meinte die Person A, dass sie das Becherglas länger über die Kerzen halten und dann erst drüber stülpen muss. Der Versuchte klappte deutlich besser und es zog mehr Wasser hoch. Auch diese Gruppe nutzte kaum die gegebenen Hilfestellungen.

Die erste Erklärung der Gruppe war, dass es am thermischen Effekt liegt. Wenn die Luft im Becherglas erwärmt wird und langsam abkühlt, entsteht ein Unterdruck, da sich die Luft wieder zusammenzieht. Dadurch wird das Wasser in das Becherglas reingezogen. Diese Erklärung hat der Physikstudent (Person A) in der Gruppe geäußert. Er meinte auch, dass er schon mal so einen ähnlichen Versuch durchgeführt hat, nur ohne eine Kerze. Die weiterführenden Fragen konnten von der Gruppe erklärt werden, wobei der Physikstudent das meiste übernommen hat und die restliche Gruppe im Hintergrund das Experiment noch mit anderen Gerätschaften ausprobiert haben.

C Gruppe

Diese Gruppe bestand aus zwei Personen. Hier gab es keine Absprache miteinander. Die Person A hat direkt ohne eine Theorie angefangen. Er hat Wasser in die pneumatische Wanne gefüllt daneben eine Kerze hingestellt und damit die Luft in dem Becherglas erwärmt. Der erste Versuch hat nicht geklappt, wodurch die Äußerung „Aber es muss doch klappen!" von ihm kam. Er meinte auch, dass er so ein Versuch schon einmal in Physik durchgeführt hat und sich deswegen sicher ist. Er versucht den Versuch noch mal mit einer größeren Wassermenge und erwärmt die Luft im Becherglas länger. Währenddessen äußert sich die Person B mit „Vielleicht klappt es besser, wenn wir die Kerze mit in die Wanne tun.". Person A versucht es trotzdem auf seine Art und setzt das erwärmte Becherglas in die Wanne. Der Versuch funktionierte diesmal und die Person A erklärt der Person B, dass durch die Erwärmung sich die Luft im Becherglas zuerst ausdehnt und sich nach dem Aufsetzen im Wasser wieder abkühlt und dadurch ein Unterdruck entsteht.

Diese Gruppe hat sich vorher nicht abgesprochen und die Gruppenmitglieder waren nicht gleich viel am Experimentieren beteiligt. Die Person A hat viel rumprobiert und die Person B nur beobachtet. Auch diese Gruppe hat sich ebenfalls nicht die Hilfestellungen angeschaut, sondern nur die weiterführenden Fragen bearbeitet. Sie wollten erst auch nicht weitere Sachen ausprobieren. Sie wurden dann aber aufgefordert den Versuch auch mit der Kerze in der Wanne auszuprobieren und mit unterschiedlich großen Geräten.

3.2 Schlussfolgerungen

Obwohl die Studierenden alle auf dem gleichen Niveau sein sollten, gab es innerhalb und auch zwischen den Gruppen Unterschieden. In der Erklärung für das Phänomen, aber auch der Kommunikation innerhalb der Gruppen.

Die erste Gruppe hat sich lange mit der Problemstellung beschäftigt und hat das Wort „reinzufüllen" in „reingießen" geändert. Dabei hat die erste Gruppe auch am meisten miteinander kommuniziert und alle Mitglieder waren etwa gleich viel bei der Lösungsfindung beteiligt. Wohingegen bei der Gruppe C die Person A fast alleine gearbeitet hat und die Lösung für den Versuch kannte. Er hat zwar der Person B eine Erklärung abgegeben, ist jedoch auf seinen Vorschlag mit der Kerze nicht weiter eingegangen. Gruppe B und C hatten dazu auch Personen mit Physik als Zweitfach, sodass sie den Versuch teilweise schon kannten. Es wäre sinnvoll gewesen am Anfang zu erwähnen, dass diese Leute sich erst mal zurück halten sollen. Diese beiden Gruppen sind auch auf die physikalischen Effekte eingegangen, wogegen die erste Gruppe nur auf den chemischen Effekt eingegangen ist. Jedoch hat keiner der Gruppen eine vollständige Reaktionsgleichung aufschreiben können.

Die Hilfskarten wurden von keiner der Gruppen wahrgenommen, da jede Gruppe ziemlich schnell zu einem Ergebnis gekommen ist. Bei Schülerinnen und Schülern aus der Sekundarstufe könnte dies ebenso der Fall sein. Jedoch wäre es sinnvoll sich mit den Hilfestellungen auseinandersetzen, damit können sie ihre Gedankengänge bestätigen oder auch neue Erkenntnisse gewinnen. Denn die Gruppenmitglieder hatten meist zu Anfang nur eine Erklärung für das Phänomen und haben andere Lösungen nicht in Betracht gezogen, bis sie sich mit den weiterführenden Fragen beschäftigt haben.

Es wäre sinnvoll gewesen die Problemstellung anders zu formulieren. Das eigentliche Ziel der Station war es einen Versuch zu finden, wodurch Wasser von einem Gefäß in ein anderes reingefüllt werden kann. Dieser Versuch erschien im Nachhinein zu einfach für die Studierende und deswegen höchstwahrscheinlich auch für SuS. Das eigentliche Problem für die Studierenden war in beim Kerzenversuch nicht das Finden eines Experimentes, sondern die Erklärung für das Phänomen. Die Studierenden haben zwar unterschiedliche Gründe genannt, aber keine anderen Gründe in Betracht gezogen. So dachte z. B. die erste Gruppe im ersten Moment ausschließlich an die chemische Erklärung. Erst mit den weiterführenden Fragen kamen sie auf die anderen Ideen.

Dies gab die Rückmeldung, dass die Problemstellung anders formuliert hätte werden sollen.

Bei weiteren Recherchen stellte sich heraus, dass beim forschenden Lernen die Problemstellung oft von der Lehrkraft dargestellt wird und die Lernenden eine Erklärung mithilfe von Experimenten finden sollen (mehr dazu in: PRIMAS Project 2013). Nach den Beobachtungen wäre es also Sinnvoller gewesen, wenn die Lehrperson das Experiment durchführt und unterschiedliche Gerätschaften für die Erklärungsfindung zur Verfügung stellt. Hier können neben der Kerze auch ein Heißluftföhn oder auch für eineres schnelleres Abkühlung Eiswürfel zur Untersuchung des thermischen Effekts vorgegeben werden.

3.3 Didaktisch-methodischer Hinweis

Forschendes Lernen im Unterricht kann nicht sofort von heute auf morgen im Unterricht erfolgen, denn viele Lehrkräfte unterrichten im klassischen Stil. Es wäre sinnvoll für den Kerzenversuch, aber auch für andere Experimente den Forschungskreislauf (s. Abb. 1) einzusetzen.

Abbildung 1: Forschungskreislauf als Orientierungshilfe beim forschenden Lernen (verändert aus MINT Zirkel 2013)

Durch den gezielten Einsatz des Kreislaufes im Unterricht können die SuS lernen zukünftige Probleme wissenschaftlich zu lösen. Oftmals formulieren Lernende keine bewussten Hypothesen und führen voreilig Experimente durch. Mithilfe des Forschungskreislaufes wird dies versucht zu unterbinden. SuS können ein Experiment oder eine Problemstellung nicht sofort durchführen oder beantworten, daher sollen sie im ersten Schritt vor allem ihre Fragen festhalten, damit sie im zweiten Schritt anhand der aufgestellten Fragen eine Hypothese formulieren können.

Ein genauso wichtiger Aspekt ist, dass die SuS planmäßig vorgehen und ihre Vorgehensweise erklären können. Natürlich ist der Einsatz des Kreislaufs kritisch zu betrachten, da dieser dafür sorgt, dass die Lernenden die einzelnen Punkte Schritt für Schritt abarbeiten. Wenn SuS jedoch genug forschendes Lernen im Unterricht erfahren und wichtige Aspekte bei einer Problemstellung beachten, kann auf den Forschungskreislauf verzichtet werden. Eine Lehrperson muss mit seinen Lernenden erst zum forschenden Lernen hinarbeiten, bevor er seinen Unterricht darauf aufbauen kann.

Alternativ kann der Kerzenversuch im Unterricht auch anders durchgeführt werden. Die Lehrperson kann das Phänomen des Wasseranstieges im Unterricht zeigen. Danach können die SuS ihre Fragen formulieren und Hypothesen aufstellen. Natürlich sollen die SuS ihre Hypothesen überprüfen und bekommen so die Möglichkeit zu experimentieren. Es kann sein, dass Lernende unterschiedliche Ursachen finden oder dieselben. Je nachdem kann im Unterricht darüber diskutiert und gemeinsam alle Ergebnisse besprochen werden. Beim Kerzenversuch haben auch die Studierende unterschiedliche Ursachen für den Anstieg des Wassers genannt. Die erste Gruppe ging davon aus, dass Sauerstoff verbrannt wird und Wasser entsteht. Die zweite Gruppe ist mit den Hilfestellungen darauf gekommen, dass auch durch zusätzliches Lösen von CO_2 das Wasser ansteigt. Dagegen ist die letzte Gruppe ist von vorneherein auf den thermischen Effekt eingegangen.

Jedoch wäre es auch hierbei wichtig, dass die Lehrperson über kommenden Fragestellungen und Hypothesen nachdenken sollte und zur Überprüfung auch entsprechende Gerätschaften für die SuS breitstellt.

4.   Fazit und Ausblick

Forschendes Lernen kann vielerlei Zugänge für Aufgabenstellungen ermöglichen. Es ist wichtig, dass Lernende selbstständiger werden und ihre eigenen Gedankengänge bzw. Lösungswege formulieren können. Außerdem wird es immer schwieriger individuell differenzierte Aufgaben für unterschiedlich Leistungsstarke SuS zu erstellen. Die Gesellschaft will keine homogenisierten Schulen, Klasse oder auch Gruppen und mit diesem Blick bekommt die Schule die Aufgabe auf unterschiedliche Leistungsniveaus einzugehen.

Ich habe selbst gemerkt, dass es zeitaufwändig ist, ein problemorientiertes Experiment rauszusuchen. Es gibt zwar eine Vielzahl von Schülerexperimenten für den Unterricht, jedoch müssen sie für forschendes Lernen umgeschrieben werden.

Die Lehrperson muss sich eine Problemstellung überlegen oder ein Problem im Unterricht erzeugen und somit das Interesse der SuS wecken. Sogar einfache Versuche wie der Kerzenversuch können im Nachhinein zu unterschiedlichen Vorstellungen, Erklärungen und somit zu einer Diskussion führen. In den Studentengruppen waren Unterschiede in der Herangehensweise und der Erklärung des Phänomens zu erkennen. Mit bis zu 30 Schülerinnen und Schülern in einer Klasse entstehen mehrere Gruppen und somit können auch mehrere Lösungen (falsche sowie richtige) entstehen.

Es gab unterschiedlichen Interessen der Mitglieder für die Problemstellung. Dies kann daran liegen, dass einige Studierende schon den Versuch kannten oder weil der Versuch zu für sie zu einfach war. Trotzdem zeigten einige Personen Interesse und wollten den Versuch mit mehreren Gerätschaften ausprobieren. Die Zusammenarbeit der Gruppen war ebenso unterschiedlich. Die Mitglieder der Gruppe A haben alle zusammen gearbeitet und sich gemeinsam eine Lösung überlegt, wogegen bei Gruppe C das Experimentieren nur einer übernommen hat. Natürlich können diese Beobachtungen nicht auf Schülergruppen übertragen werden, jedoch wird es auch dort mehr oder weniger interessierte Lernende geben. Meiner Meinung nach wäre es daher sinnvoll gewesen weiterführende Experimente darzubieten wie z. B. die Untersuchung der Volumen-zunahme des Wassers durch den thermischen Effekt oder auch eine Untersuchung zum Sauerstoffverbrauch. Somit hätten die Studenten auch untersuchen können, welcher der Effekte größeren Einfluss auf den Wasseranstieg hat oder ob es Unterschiede gibt, wenn die Gerätschaften kleiner/ größer sind.

Der Kerzenversuch zeigt, dass forschendes Lernen sehr binnendifferenziert sein kann. Leistungsschwache Lernende können einfache Vermutungen wie, dass die Kerze den Sauerstoff verbrennt herstellen. Leistungsstarke Lernende können neben der Verbrennung des Gases auch weitere Ursachen wie den thermischen Effekt oder die Kondensation von Wasserdampf am Glas erforschen.

Forschendes Unterrichten ist auch für Lehrperson in erster Linie mit viel Zeitaufwand verbunden, jedoch ist es eine Art zu lehren, bei denen SuS ein grundlegenderes Verständnis der Inhalte erreichen. Es kann sein, dass der Unterricht inhaltlich langsamer vorangeht, aber da das Lernen mit einem tieferen Verständnis einhergeht, bleibt das Wissen dadurch länger abrufbar. Ich werde mich jetzt zwar nicht vollkommen nach dem forschenden Lernen richten.

.

5. Anhang

5.1 Protokoll zum Kerzenversuch

Materialien:

Abbildung 2: Eine Auswahl der benötigten Gerätschaften

Kristallisierschale, Bechergläser (unterschiedliche Größen), Standzylinder, Erlenmeyerkolben, Kerze, Feuerzeug und Wasser

Durchführung:

In die Kristallisierschale wird 1/3 Wasser hinzugefügt. Anschließend wird eine brennende Kerze hinzugegeben (dabei sollte die Kerze nicht ausgehen). Anschließend wird ein Becherglas über die Kerzenflamme gehalten, sodass etwas warme Luft in das zweite Gefäß gelangt. Dann wird die Kerze komplett mit dem Becherglas umschlossen (s. Abb. 3).

Abbildung 3: Einzelne Schritte der Durchführung von links nach rechts für den Kerzenversuch

I

Beobachtung:

Abbildung 4: Beobachtung zum Kerzenversuch

Die Kerze erlischt und das Wasser steigt langsam in das Becherglas auf (s. Abb. 4).

Auswertung:

Es gibt mehrere Gründe dafür, dass das Wasser im Becherglas ansteigt. Die chemische Erklärung beruht darauf, dass durch den Sauerstoffverbrauch sich der Luftdruck erniedrigt und der äußere Luftdruck das Wasser aus der Kristallisierschale in das Becherglas drückt. Nach der thermischen Erklärung ist die Erwärmung der Luft im Becherglas durch die Kerzenflamme dafür verantwortlich. Die Luft dehnt sich beim Überstülpen des Becherglases aus und nachdem die Kerze erlischt, kühlt sie sich wieder ab, dadurch entsteht ein Unterdruck, wodurch das Wasser im Becherglas ansteigt.

Bei der chemischen Begründung entsteht zwar Sauerstoff (O_2), aber es entstehen auch gasförmige Verbrennungsprodukte wie z. B. Kohlstoffdioxid. Die chemische Argumentation wäre nur zutreffend, wenn weniger Verbrennungsprodukte entstehen als das O_2 verschwindet (vgl. Schlichting 1994, S. 1)

Diese Untersuchung kann man ausweiten und sich die chemische Reaktionsformel anschauen. Kerzen bestehen meist aus komplizierten organischen Verbindungen (Stearin oder Paraffin) Paraffin ist ein Stoffgemisch aus vielen Alkanen mit der Summenformel C_nH_{2n+2} mit n zwischen 22 und 32 (vgl. ebd.). Zur Vereinfachung der Reaktionsgleich wird mit der Formel CH_2 für Stearin die Reaktion dargestellt.

CH_2 (f) + 3/2 O_2 (g) → CO_2 (g) + H_2O (g) + Energie.

Das entstehende Wasser ist zunächst gasförmig und dadurch entsteht zunächst eine halbe Volumeneinheit mehr an Verbrennungsprodukten. Beim genaueren Beobachten ist aber zu erkennen, dass das Wasser sehr schnell am Glas kondensiert (s. Abb. 5).

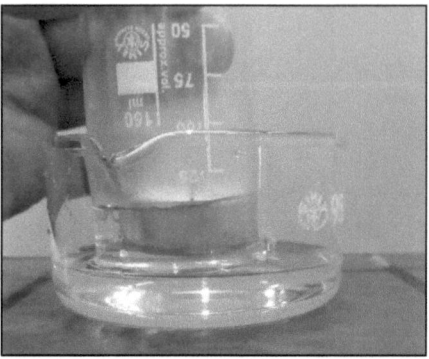

Abbildung 5: Kondensation von Wasser am Becherglas

Deshalb kann ausgegangen werden, dass mehr Sauerstoff verbraucht wird, als das Kohlstoffdioxid bzw. mehr Verbrennungsgas entsteht. Um genauere Aussagen treffen zu können, ob der chemische Effekt einen größeren Einfluss hat als der thermische müssen quantitative Analysen zur Volumenänderung durchgeführt werden (mehr dazu in Schlichting 1994, S. 2 – 4)

Natürlich hat auch die Gefäßgröße Einfluss darauf, welcher der beiden Effekte eine größere Wirkung hat. Der chemische Effekt ist in kleineren Gefäßen und mit mehreren Kerzen nicht so ausschlaggebend wie der thermische Effekt (vgl. ebd., S. 3)

5.2 Problemstellung, Hilfestellungen und weiterführende Fragen an der Station

Problemstellung:

Wie bekommt man Wasser von einem Gefäß in ein anderes, ohne es reinzufüllen?

Hilfestellung 1)

Woraus besteht die Luft?

Hilfestellung 2)

Welches Verhalten zeigen Gase bei unterschiedlichen Temperaturen?

Hilfestellung 3)

Wie kannst du einen Unter- bzw. Oberdruck ausüben?

Hilfestellung 4)

In ein Gefäß mit einer ebenen Fläche wird Wasser hinzugefügt. In das Gefäß wird eine brennende Kerze hinzugegeben (die Kerze sollte dabei nicht ausgehen). Anschließend wird ein zweites Gefäß über die Kerzenflamme gehalten, sodass etwas warme Luft in das zweite Gefäß gelangt. Dann wird die Kerze komplett mit dem Gefäß umschlossen. Jetzt sollte langsam das Wasser nach oben steigen.

Weiterführende Fragen:

1. Kannst du das Phänomen erklären, warum das Wasser von einem Gefäß in das andere gesogen wird?
2. Welche Gase sind nach dem Erlöschen der Kerze im Gefäß vorhanden und im Wasser?
3. Welche Nachweisversuche kennst du für die Gase in der Luft?
4. Würde das gleiche auch mit Öl funktionieren?
5. Klappt der Versuch auch wenn du das Gefäß bzw. die Luft in dem Gefäß erwärmst und darüberstülpst?

6. Literaturverzeichnis

Bronner, P. (2011): Der Kerzenversuch. PRIMAS Project: Freiburg. Verfügbar unter: http://primas.ph-freiburg.de/materialien/nationale-materialsammlung/physik/165-der-kerzenversuch. Letzter Zugriff: 25.09.2015

Bronner, P. (2013): Differenzierung im Physikunterricht mit offenen Aufgaben und forschenden Lernen. In: Individuelle Förderung Heft 6/62. Praxis der Naturwissenschaften - Physik: Freiburg. Verfügbar unter: http://primas.ph-freiburg.de/images/stories/Publications/PdN/Artikel_Physik.pdf. Letzter Zugriff am 21.09,2015

Frank-Braun, G. / Schmidt-Weigand, F. / Stäudel, L. & Wodzinski (2008): Aufgaben mit gestuften Lernhilfen – ein besonderes Aufgabenformat zur kognitiven Aktivierung der Schülerinnen und Schüler und zur Intensivierung der sachbezogenen Kommunikation. In: Lernumgebung auf dem Prüfstand. Kasseler Forschungsgruppe (Hg): Kassel

MINT-Zirkel (Ausgabe 01/02 2013): Offene Aufgaben in den Unterricht! Ein Unterrichtsbeispiel mit dem Kerzenversuch. Verfügbar unter http://primas.ph-freiburg.de/images/stories/materialien/physik/images/Kerzenversuch/Artikel_Kerzenversuch.pdf. Letzter Zugriff am 21.09.2015

Schlichting, H. J. (1994): Die Kerzenpumpe. Praxis der Naturwissenschaften – Physik Heft 43/4, S. 12 – 15. Verfügbar unter: http://www.uni-muenster.de/imperia/md/content/fachbereich_physik/didaktik_physik/publikationen/196_die_kerzenpumpe.pdf. Letzter Zugriff am 21.09.2015